DE L'EXPORTATION

DE

CONSTRUCTIONS

HABITABLES

AVEC UNE GRAVURE SUR BOIS

représentant les premiers édifices exportés

DE L'EXPORTATION

DE

CONSTRUCTIONS

HABITABLES

BRANCHE NOUVELLE DE L'INDUSTRIE FRANÇAISE

créée en 1860

PAR

ALFRED BING JEUNE

Exportateur à Paris

PARIS

IMPRIMERIE DU CORPS LÉGISLATIF, POUPART-DAVYL & Cie

30, *Rue du Bac*, 30

1864

Aux

Artisans français et aux Arts industriels

Cet écrit

qui témoigne de l'utilité

« à s'affirmer avec plus de confiance
« et à ne pas chercher ailleurs qu'en eux-mêmes
« leur point d'appui. »

Mars 1864

A. B.

A

Mes nombreux Amis d'outre-mer

dont la sympathie encourage mes efforts

et

dont la constance est ma plus douce satisfaction,

cet Hommage

de Justice et de Reconnaissance.

Mars 1864. A. B.

MAISONS MOBILES DE *Alfred Bing Jeune*, EXPORTATEUR A PARIS

VUE DES CONSTRUCTIONS EXPORTÉES EN 1860

APPLICATION DU SIMILIMARBRE AUX ÉDIFICES

FACTURE

DES DEUX HOTELS

	Fr.
Travaux métalliques	[illegible]
Bois et compléments	17.000
Similimarbre	16.000
Faux frais	1.000
PRIX DANS PARIS	[illegible]
Emballage en sept cents colis	1.000
Transport de Paris au Havre	2.000
Transit et embarquement	1.400
Fret du Havre à Saint-Thomas	9.000
PRIX A SAINT-THOMAS	[illegible]

DÉCOMPTE

DES DEUX FACTURES

		Fr.
Matériaux de construction	8.000	
Id. pour emballage	1.000	9.0
Loyers divers	3.000	
Coût de l'expédition	7.000	10.0
Artistes et employés	6.400	
Ouvriers constructeurs	24.000	
Ouvriers emballeurs	4.300	
Profits des entrepreneurs	9.000	
Id. du chemin de fer	1.450	
Id. du transitaire	850	
Id. de l'armateur	2.500	
Id. de l'exportateur	10.500	61.0
TOTAL GÉNÉRAL		80.0

RÉSIDENCE A SAINT-THOMAS

du Chevalier MORON, Négociant et Consul Impérial du Brésil

premier Importateur de Constructions françaises dans les Colonies

DE L'EXPORTATION

DANS LES COLONIES

DE

CONSTRUCTIONS FRANÇAISES

DE L'EXPORTATION

DE

CONSTRUCTIONS FRANÇAISES

I

Depuis plus de deux ans je me propose de mettre sous les yeux du public les détails d'une tentative industrielle que j'ai faite en matière de constructions, innovation importante, couronnée d'un plein succès.

J'ai attendu jusqu'à ce jour pour obtenir du temps la consécration de l'expérience et parce que les circonstances dont j'entreprends le récit rendent ma situation quelque peu délicate. Car, en appelant l'attention des hommes spéciaux sur l'envoi dans les colonies de maisons d'habitation fabriquées en France, il me faudra parler non-seulement de mes illusions et de mes mécomptes, mais encore de ma réussite et de ses effets sur les populations des Indes occidentales.

Publier, en semblable occurrence, ces sortes de renseignements, c'est donner prise à une interprétation fâcheuse : je veux dire la supposition chez l'auteur d'un amour-propre exagéré, supposition qu'on fait aisément à notre époque des réclames adroites. Mais j'ai reçu ailleurs trop de témoignages de sympathiques encouragements en faisant valoir les travaux d'autrui auxquels je n'étais pas tout à fait étranger, pour que j'hésite davantage dans ma détermination [1].

[1] Voir Note n° 1, page 33.

Au reste, je n'entends publier ni un Manuel d'exportateur de constructions, ni un procédé pour faire fortune sans travail. Je me borne à raconter, dans leur véridique simplicité, les différentes phases d'une curieuse entreprise. Heureux si ce récit pouvait servir les intérêts français et si le lecteur en retirait quelque enseignement moral, théorique ou pratique.

II

Vers la fin de l'année 1858, le courrier maritime m'apporta, entre autres dépêches, différentes lettres de Saint-Thomas[2], dont voici quelques extraits :

Voir Note n° 2, page 33.

Je me rappelle — m'écrivait alors un de mes correspondants — avoir lu un jour, à Paris, dans un ouvrage sur le commerce français, l'intéressant tableau que vous aviez tracé de la toute-puissance de l'industrie parisienne, de ses immenses ressources, du génie inventif de ses représentants naturels, et ainsi de suite [3].

Voir Note n° 3, page 34.

Je ne sais si c'est ce livre ou un autre qui vous a valu la haute approbation d'un illustre prélat, à cause de vos tendances généreusement favorables aux classes laborieuses. Toutefois, le souvenir de ces études et de leur solennelle consécration me suggère la question que voici.

Les hommes qui renseignent l'administration supérieure sur les progrès de milliers d'artisans « dont le mérite est dans le cœur et non dans la bouche », celui qui a osé soutenir devant le plus puissant des monarques régnants le mérite des ouvriers civils à l'égal du mérite militaire, ces hommes comptent-ils parmi les représentants du travail? [4] Si non, regardez la présente comme non avenue ; si oui, prêtez-moi, je vous prie, quelques moments d'attention.

Voir Note n° 4, page 35.

Après quelques détails sans intérêt pour le lecteur, mon correspondant poursuit à peu près ainsi :

Par une belle soirée du mois dernier, je me promenais sur l'une des trois montagnes qui dominent notre rade, sur l'un de ces belvédères naturels d'où le regard émerveillé plonge de tous côtés dans la mer Caraïbe, laquelle, comme vous le savez, nous sépare des Antilles proprement dites. En contemplant ce grand spectacle de la nature, je regrettais une fois de plus que nul autre que notre gouverneur n'ait encore songé à établir sur ces mystérieuses hauteurs un édifice quelconque. Et pendant que dans ma pensée je donnais à cette réflexion toutes sortes de développements auxquels ma prédilection pour les produits français n'était pas étrangère, j'arrivais chez moi.

Là, on m'apprit, à ma grande surprise, que l'ex-dictateur du Mexique, que je croyais à Turbaco où il vivait retiré depuis plusieurs années, venait de débarquer dans notre île [5].

Voir Note n° 5, page 35.

En effet, une semaine après, Son Excellence me fit l'honneur de visiter ma maison, qui, à tort ou à raison, passe pour une des plus confortables de la ville.

Le dictateur, en émettant l'opinion que nous étions, ma famille et moi, les mieux installés dans l'île, paraissait regretter que ma maison et dépendances ne fussent pas situées sur la montagne.

Frappé de la coïncidence de cette idée avec la mienne, je m'efforçais d'en pénétrer le vrai motif. Or, le général désirait tout simplement se fixer à Saint-Thomas et y trouver une propriété à sa convenance. Il supposa certainement les Américains ou les Anglais aptes à créer quelque merveille d'habitation susceptible d'être hissée sur la montagne comme une diligence sur le truc d'un railway.

Je ne m'étais pas trompé. A quelques jours de là, Son Excellence me proposa l'acquisition de ma maison et de mes jardins, ne me laissant malheureusement que fort peu de temps pour ma détermination.

Ce fut comme un bouleversement parmi tous les miens.

Animé d'un côté du désir d'offrir à la France l'occasion rare d'essayer au loin d'une façon splendide ses facultés créatrices dans les arts industriels, je me trouvais d'autre part en présence de difficultés inextricables, d'un fantôme qui ne fit que grandir dans l'esprit de ma famille.

Pourtant, ce sont les Français qui ont creusé le tunnel sous la Tamise; ce sont bien eux qui prétendent unir un jour la Méditerranée à la mer Rouge, et qui, si je ne me trompe, se sont présentés naguère encore pour concourir au percement de notre propre isthme [6].

Voir Note n° 6, page 36.

Et puis, en cas de réussite, quel profit pour la France par une plus grande exploitation de ses bois, par l'écoulement plus certain de nombreux produits de ses fabriques, par les opérations nouvelles qui s'ensuivraient pour ses négociants et ses armateurs, pour ses transports terrestres et maritimes!

Le jour de ma réponse arrivé, j'exposai au général et mon désir et mes craintes. Mais il me sembla dire : Montrez aux Français la hardiesse de la conception, les difficultés de l'entreprise, les obstacles à vaincre. Faites valoir à leurs yeux le mérite de la nouveauté, l'honneur de l'exécution! Dussent-ils y perdre et leur temps et leur argent, ils en triompheraient encore, pourvu qu'il leur restât... la gloire pour se payer et la renommée pour se consoler de leurs pertes.

J'avoue que, hésitant entre une grande prédilection et le danger de l'inconnu, j'eus beaucoup de peine à me décider. J'ai fini cependant par accepter. Aussi ai-je compté sur vous pour venir à mon aide.

Nous voici en attendant, sinon sans gîte, du moins sans maison. Chez nous il faudrait près de deux ans pour établir le moindre édifice en briques et bois à l'américaine. Les cages de fer des Anglais nous répugnent. Tous les miens sont d'accord pour désirer une construction de luxe et de comfort à la fois, ni tout bois, ni tout fer, pas ou peu de briques, susceptible d'une décoration de bon goût ou pourvue déjà dans sa structure de quelques éléments décoratifs ; un petit hôtel qui offrirait la plus grande facilité possible pour modifier chez nous sa distribution intérieure en l'installant...

Le problème ainsi posé, il s'agissait de trouver les moyens techniques pour le résoudre. La tâche pouvait être ingrate, pénible même ; mais certes elle n'était pas indigne d'hommes sérieux, ayant l'habitude du travail et l'ambition du progrès.

Cette missive, qui terminait par la demande d'une prompte réponse, était signée : J. Henriquez Moron.

III

Voir Note n° 7, page 36.

Un programme ainsi formulé par un négociant des plus considérables d'une île florissante qui consomme annuellement pour dix millions [7] de nos produits, la charge d'au moins dix navires, ce programme n'admettait pas de discussion. Être ou ne pas être à la hauteur des circonstances était la seule question que je devais m'adresser. Mais je n'avais que huit jours pour répondre, terme qui paraîtra bien court à ceux qui connaissent l'industrie manufacturière.

D'un autre côté, je ne me dissimulais pas ma situation vis-à-vis du public. C'était celle de tous les novateurs, avec cet inconvénient en plus de n'avoir pas, moi chef d'établissement, l'excuse de la nécessité d'une position à me faire, circonstance aggravante si j'échouais. Apprécié peut-être en cas de réussite, mais certainement blâmé en cas d'insuccès, voilà le sort qui m'attendait ; car du sérieux au ridicule il n'y a souvent qu'un pas.

A entendre mes confrères en exportation, la demande à la France d'un édifice complet n'était que le caprice d'un Indien, capable de compromettre, si l'acceptant ne réussissait pas, la réputation commerciale la mieux assise. Mon espoir d'une possibilité d'exécution dans les conditions voulues fut par eux, et de très-bonne foi, taxé de chimère.

Au dire de nos artisans, au contraire, le projet était magnifique, vu, je suppose, à travers le séduisant prisme de la distance. La plupart d'entre eux ne doutaient de rien. Tout leur semblait possible. Il suffisait pour cela de bien leur expliquer ce qu'on voulait.

Singulier embarras que le mien ! Bien définir à autrui ce que la commande elle-même ne sut me préciser. Je me rappellerai longtemps la peine que j'ai eue, malgré la valeur pratique de mes coopérateurs, à les faire arriver à une entente commune. D'accord sur la possibilité de réussir, ils différaient complétement d'avis sur la manière d'exécuter. Et qui ignore combien les contradictions entre collaborateurs entravent l'harmonie sans laquelle les efforts les mieux dirigés se trouvent frappés de stérilité? De tels obstacles rendent tout début difficile et le succès presque impossible. Or, au moment où me parvint la lettre que j'ai citée, j'étais au vrai début de l'entreprise, c'est-à-dire étranger encore à tout système de construction exportable.

Afin de calmer l'impatience de mon ami et de ne pas laisser échapper les multiples avantages qui devaient, selon moi, résulter pour l'industrie française d'une tentative heureuse, j'eus la hardiesse d'accepter la mission. Je demandai seulement un délai de trois mois pour mes études préparatoires et la présence à Paris de M. Moron pendant les trois premiers mois de mes travaux techniques.

A ces conditions je m'engageais à établir à Saint-Thomas, sur la montagne du Gouverneur, dans le délai d'un an à partir de la commande, un élégant petit hôtel, répondant aux exigences climatériques et topographiques aussi bien qu'aux besoins particuliers de sa destination.

IV

Telle fut l'origine des constructions de luxe vulgairement appelées ***Maisons mobiles***, les seules que l'Europe ait jamais fournies à l'exportation[8].

Voir Note n° 8, page 37.

Je dis à dessein : Constructions de luxe; car on connaît les formidables envois de maisons en fer et en bois, de magasins, bureaux, pavillons et hangars, en un mot les transactions considérables en bâtisses simples que font, avec les régions lointaines, l'Angleterre et les États-Unis. Loin de vouloir déprécier ces éléments de travail de deux nations amies de la France, j'admire l'importance des mouvements commerciaux qui contribuent si largement à la puissance civilisatrice des peuples. Je dirai plus : l'idée de voir ces avantages s'introduire chez nous et se propager dans la mesure des moyens et du génie français, cet espoir provoqua mon attention sympathique aux bienveillantes ouvertures du généreux négociant de Saint-Thomas. Car, outre les profits moraux que je viens de signaler, à part les considérations d'un autre ordre dont nous traiterons à la fin, il y a là des bénéfices matériels susceptibles non-seulement d'évaluation immédiate, mais encore d'un développement ultérieur plus grand peut-être qu'on n'ose l'espérer.

Fidèle à sa promesse, M. Moron, consul impérial du Brésil à Saint-Thomas, débarqua en France au printemps de 1859 et y passa l'été. La cause de cette prolongation de séjour au delà du terme convenu était le désir de faire exécuter deux constructions au lieu d'une.

Décrire toutes les recherches, études et expériences qui furent faites avant et pendant le séjour à Paris de l'industrieux négociant-consul serait aujourd'hui aussi difficile qu'inutile. Bornons-nous à constater qu'après l'examen des pierres factices connues, auquel s'est livré M. Paliard, architecte du Gouvernement, cet habile ingénieur me présenta, comme le plus propre à nos besoins, le SIMILIMARBRE, composition plastique née de la veille et due à l'intelligente activité d'un jeune artiste industriel, M. Edouard Schneckenburger.

Ce produit, moulable, hydrofuge et incombustible, d'une contexture filamenteuse qui lui donne une grande force d'adhérence, n'était pas alors ce qu'il est devenu depuis par nos soins [9]. Voir Note nº 9, page 37.

Je ne fais que rendre hommage à la vérité en insistant sur ce point, que la France doit l'introduction du similimarbre dans le domaine des constructions à la seule initiative de l'infatigable M. Moron. Sans cet honorable étranger, ce nouvel élément de bâtisse, qui n'a été breveté comme tel que le 3 novembre 1859 (remarquer la date), n'eût probablement jamais été employé à cette intention [10]. Voir Note nº 10, page 38.

C'est ici le cas d'interrompre mon récit pour décrire nos matériaux divers et nos moyens d'édification.

V

Ayant ainsi trouvé une matière se polissant comme du marbre et se moulant facilement, susceptible en outre d'imiter à peu de frais le modelé de la sculpture, nous avons eu l'idée d'en faire des panneaux enveloppant complétement les charpentes en bois ou en fer de nos constructions. Voici comment nous avons opéré :

Profitant des procédés connus du moulage, nous avons confectionné des panneaux de 1^{m} 30^{c} de long sur 50^{c} de large, ayant en moyenne 8^{c} d'épaisseur. Nous les avons ornés, tantôt sur l'une, tantôt sur les deux faces, de sculptures appropriées aux emplacements que les panneaux devaient occuper. Sur les parois extérieurs, ces morceaux sont unis à surfaces planes, moulurées au pourtour, tandis que, sur les côtés disposés pour l'intérieur, ils sont plus ou moins ornés de motifs en relief. Nous faisons nos clôtures à double face, simples et riches à la fois, suivant les nécessités architectoniques et locales.

Nos murs s'établissent au moyen de doubles panneaux solidaires laissant entre eux un espace de 14c qu'on remplit de terre, de sable, de varech ou d'autres matières prises sur place. Cette disposition de murs épais de 30c préserve aussi l'habitation des effets de la chaleur et de la pluie qui se succèdent si brusquement dans certaines colonies.

En modifiant un peu l'épaisseur de nos panneaux, ils nous servent également de cloisons différemment ornementées. Car, tout en maintenant l'harmonie des lignes extérieures d'un édifice, les mêmes panneaux, du côté de l'intérieur, peuvent facilement être variés d'une chambre à l'autre et disposés en parfaite communauté de style, soit avec la destination particulière, soit avec l'ameublement de chacune des pièces de l'appartement.

La double décoration plastique, pour être une innovation spéciale à notre système, n'est pas pour cela obligatoire. On a la faculté de rehausser la beauté du similimarbre par des tablettes en marbre réel ou en porcelaine qu'on appliquerait sur nos dalles murales, soit au dehors, soit au dedans. De plus, et pour l'intérieur, il serait facile aujourd'hui de revêtir le similimarbre d'impressions *unicolores*, ou bien de diverses tentures, comme papier, cuir, étoffe, etc.

En ce qui touche les plinthes, galeries, consoles, frises, corniches et autres parties complémentaires de nos bâtisses, nous les faisons en similimarbre massif. Il en résulte que nos constructions, une fois terminées, ont tout à fait l'aspect d'édifices en marbre véritable. Disons encore que le similimarbre se polit à tout degré de brillant et durcit avec le temps, au contact de l'air surtout [11].

Voir Note n° 11, page 38.

Nos charpentes se font, soit tout en fer ou tout en bois, soit, comme dans les deux édifices en question, en bois avec combles de fer. En ce qui touche les parties demandées en bois, nous nous servons d'essences diverses, toutes injectées de sulfate de cuivre suivant les procédés du docteur Boucherie, puis enduites de *chapapote* fluide, double garantie contre les atteintes des animaux et insectes rongeurs aussi bien que contre l'humidité de certains terrains.

Tandis que la menuiserie en bois de chêne d'Europe suffit aux conditions climatériques des parages tropicaux, il a fallu disposer les parquets en bois exotiques, principalement en pin maritime saigné de l'Amérique du Sud, essence qui n'exige ni injection ni enduit [12]. Mais il serait tout aussi facile d'établir les parquets en carreaux de marbre ou véritable ou factice, matériaux que la France, l'Italie et la Belgique fournissent à bon compte. Voir Note n° 12, page 39.

Un mot maintenant sur l'incombustibilité du similimarbre, annoncée comme positive par le savant auteur de la *Technologie du bâtiment.*

Considérée dans un sens absolu, cette assertion me paraît exagérée. Je suis trop en garde contre les illusions d'inventeurs, sans en excepter les miennes, pour affirmer un fait semblable dans un exposé aussi sérieux que celui-ci. Les effets partiels que le feu a exercés sur des pièces détachées autorisent presque la supposition de l'incombustibilité. Mais celle-ci, selon moi, ne saurait être réellement démontrée tant qu'un de nos édifices tout entier n'aura pas été soumis à l'action de la flamme. Ce qui est certain, c'est que nos constructions, surtout quand les bâtis se trouvent en fer, sont, sous ce rapport aussi, de beaucoup supérieures à celles en usage dans les colonies.

VI

On conçoit que l'assemblage de toutes les parties d'une maison, alors qu'il s'agissait de bâtir pour l'étranger, n'était pas la tâche la moins difficile de ma mission. On en comprendra mieux l'importance quand on saura que, s'il y a des contrées où les bras manquent, il y en a d'autres où les hommes ne s'accommodent guère du travail d'ouvrier, cette besogne échéant, de par les mœurs locales, au sexe féminin.

C'est ce qui m'est arrivé à Saint-Thomas, lors de l'installation de mes deux édifices. Ils ont été érigés par deux brigades d'*ouvrières*, composées l'une de négresses, l'autre de mulâtresses, sous la conduite d'un chef-ouvrier français, charpentier de son état [13]. Voir Note n° 13, page 39.

Grâce à l'intelligente combinaison de M. Paliard, l'assemblage des charpentes de bois, des parties de fer et de zinc, des similimarbres et des accessoires fut disposé de manière qu'après avoir monté les deux maisons sur le chantier à Paris, on a pu en démonter toutes les parties, les repérer, les emballer dans des caisses comme de simples marchandises, et une fois débarquées à Saint-Thomas, les réédifier sans grande difficulté.

Voici comment s'est fait cet assemblage et quelles préparations il exigea sur le terrain de destination.

Comme on connaissait les dimensions exactes de mes bâtiments, on a creusé, avant leur arrivée, une tranchée sur ledit terrain et on a construit, dans cette tranchée, le mur de fondation.

En bâtissant ce dernier, on y a encastré, à des points fixes, des crampons de fer qui traversaient le mur dans toute son épaisseur. Ces crampons étaient destinés à agrafer solidement la construction après le sol.

Les fondations terminées, on a procédé à l'édification en commençant par le montage du bâtis, lequel comprend la charpente des murs, celle des plafonds et celle du comble.

La charpente des murs n'est composée que de quatre sortes de pièces : 1° les grandes traverses basses sur lesquelles s'ajustent les poteaux ; 2° lesdits poteaux indistinctement pareils et pouvant prendre la place l'un de l'autre ; 3° les traverses intermédiaires se posant entre ces poteaux et également semblables entre elles ; 4° les traverses hautes qui coiffent les poteaux.

Les distances entre nos divers poteaux étant respectivement uniformes, on peut toujours, lors de l'assemblage et sans main-d'œuvre nouvelle, non-seulement transposer à volonté les portes et les fenêtres, mais encore mettre les unes et les autres à la place des trumeaux et *vice versâ*.

Quant à la charpente des cloisons, elle a été formée par des parties de la charpente générale, revêtue ensuite de panneaux qu'on monte comme ceux des façades principales. Les deux catégories de charpentes, d'ailleurs, deviennent invisibles par suite des applications de similimarbre qu'elles reçoivent sur toutes leurs faces.

Murs et cloisons ainsi posés, on a monté les plafonds et les combles, double montage qui se fait ensemble.

A cet effet, on a fixé sur chaque poteau, entre les deux grandes façades, des poutres parallèles aux petites façades et qui s'ajustent de poteau à poteau correspondant. Puis, lorsque ces poutres transversales ont été assujetties, on a disposé deux autres traverses en pente, de façon à former triangle avec la traverse première. L'ajustement fait, les boulons serrés, les crochets placés, il suffisait d'attacher d'une part les petites traverses intermédiaires du comble devant recevoir la toiture, d'autre part celles du plancher sous ce comble.

Le montage général du bâtis achevé, il ne restait plus qu'à le revêtir de similimarbre.

On a donc posé les doubles panneaux du bas du mur qui ont une nuance plus foncée que ceux supérieurs. Ces panneaux peuvent aussi prendre la place les uns des autres. Après les avoir serrés et rendus solidaires en passant un boulon à travers un trou pratiqué dans chacun d'eux, on en a rempli les espaces comme il est dit plus haut; cela donne à nos constructions parfaitement closes, outre un degré de salubrité que ne peuvent atteindre les édifices anglo-américains, une solidité à volonté, résistant aussi bien à des ouragans qu'à des tremblements de terre ordinaires [14]. Voir Note nº 14, page 40.

On procéda ensuite à la pose de tous les panneaux situés au-dessus du soubassement, c'est-à-dire jusqu'à l'entablement, qui se place de même, mais diffère un peu en ce que les ornements sont plus en saillie, ou encore qu'il se compose de parties détachées pouvant s'appliquer séparément.

Pour les plafonds, il n'y avait qu'à poser dans les cadres formés par la disposition de la charpente, des panneaux en similimarbre mince orné qui formaient, avec cette charpente apparente, des caissons riches et élégants.

La couverture enfin fut également très-facile à monter. Toutes les feuilles en zinc qui la composaient, étaient d'égales dimensions et pouvaient s'ajuster partout indistinctement. Je signalerai néanmoins une importante innovation réalisée depuis par M. Paliard. Elle consiste dans la substitution de l'ardoise au zinc.

L'ardoise, excellent préservateur de la chaleur et de l'humidité, non susceptible de dilatation, inaltérable en un mot, se prête à merveille, par ses dimensions presque facultatives, à la confection de dalles de toutes grandeurs.

Ces dalles se fixent à la charpente du comble dans des châssis, comme les vitres des grandes serres. De là l'avantage précieux de pouvoir faire entrer à tout moment dans l'intérieur de l'habitation de l'air frais sur un ou plusieurs points déterminés. Presque inutile d'ajouter que le système des châssis offre en même temps et à volonté un toit hermétiquement fermé.

Nos moyens d'exécution ainsi décrits, reprenons la suite de la narration.

VII

Le premier édifice de M. Moron présente une façade de 10^{m} 40^{c} sur une profondeur de 12^{m} 65^{c} et une hauteur de 4^{m} 35^{c}, non compris le couronnement en similimarbre formant acrotère à jour autour de la toiture, ni la véranda ou galerie en fer faisant avant-corps sur la façade; soit 131^{m} 56^{c} de superficie pour un bâtiment de huit pièces générales, savoir : antichambre, grand salon, petit salon, salle à manger, trois chambres à coucher, fumoir.

Les quatre pièces spéciales : office, cuisine, bain et cabinet d'aisance, se trouvent, par disposition hygiénique, placées à distance dans deux pavillons.

La maison principale présente dix-huit portes tant extérieures qu'intérieures et autant de croisées à triple fermeture chacune, c'est-à-dire à persiennes, guillotines et volets.

L'ensemble, rendu franco au port destinataire, a coûté 46,000 francs, y compris 11,000 francs de frais, donc le mètre superficiel sur chantier 266 francs, ou 350 francs à destination.

Le second édifice de l'honorable promoteur des maisons mobiles mesure 14 mètres de largeur sur 9 de profondeur et 4 de haut, ensemble une superficie de 126 mètres.

Il se compose de cinq pièces et se trouve pourvu de neuf portes et de treize fenêtres, les quatre pièces hygiéniques également reléguées au loin, selon la coutume indienne.

Le prix de cette seconde construction en rade de Saint-Thomas fut de 34,000 francs, dont 9,000 de frais, ce qui fait ressortir à 198 fr. 40 c. le mètre superficiel sur chantier et à 270 francs à destination.

Établies sur une éminence qui domine la mer, les deux propriétés n'ont été pourvues de clôtures qu'en contre-bas et assez loin des habitations. Les travaux d'entourage ont été exécutés en fonte artistique dans les fonderies du Val d'Osne. Les grilles sont élevées sur un mur à hauteur d'appui et coupées, de distance en distance, par des pilastres également de fer avec médaillons portant le chiffre en bronze doré du propriétaire.

Bâtiments et clôtures mis en caisses représentèrent la charge de 175 tonnes, qui formèrent environ 350 tonneaux au transport maritime.

Parmi les personnes qui me feront l'honneur de me lire, beaucoup seront curieuses peut-être de connaître les chiffres détaillés de ma facture. Je suis charmé de pouvoir satisfaire également cette curiosité légitime.

En acceptant une mission pénible et ingrate au début, il s'agissait, dans mon esprit comme dans celui de mon estimable ami, de bien autre chose que d'une opération spéculative. Notre arrière-pensée réciproque était celle de doter l'industrie française d'une importante branche d'exportation dont je puis maintenant démontrer la possibilité et la raison d'être [15]. Voir Note n° 15, page 40.

Je n'ai donc rien à cacher au public. Je veux, au contraire, l'intéresser à une spécialité essentiellement nouvelle. Je ferai seulement remarquer que les calculs ci-après établissent les prix sans tenir compte des énormes faux-frais de toute nature que m'imposèrent d'une part les études, les modèles et les expériences, de l'autre le redressement de nombreuses irrégularités commises dans le cours des travaux. Ces erreurs inévitables durent naturellement être réparées préalablement à l'expédition de mes deux édifices.

Cela dit, abordons les détails chiffrés.

Ma facture de vente se décomposait comme suit :

I.	MATÉRIAUX : Le similimarbre y entrait pour . . . . Fr.		16,000
	Les charpentes ont été comptées	6,800	
	Les parquets ont été comptés	2,600	
	La menuiserie a été comptée	6,400	
	Les peinture et vitrerie, ensemble	1,200	
	Bois et compléments		17,000
	La petite serrurerie, pour	3,500	
	La véranda en fonte, pour	4,000	
	Les combles et le garde-corps, pour	10,000	
	La couverture en zinc, pour	5,000	
	Les clôtures et grilles, pour	3,500	
	Travaux métalliques		26,000
Voir Note n° 16, page 41. II.	ÉPREUVE du montage, exposition et démontage [16]		1,000
	Les deux édifices sur chantier à Paris . . . . Francs.		60,000
III.	L'EMBALLAGE en 550 caisses, 130 fardeaux et 20 barils, ensemble 700 colis, fut compté pour	7,000	
IV.	LE TRANSPORT de Paris au Havre par chemin de fer, des 175 mille kilogrammes	2,600	
V.	LE TRANSIT, soit la réception au Havre, la mise à quai et l'embarquement des 700 colis	1,400	
VI.	LE FRET des 350 mètres cubes du Havre à Saint-Thomas, y compris l'assurance maritime [17] . . . . Voir Note n° 17, page 41.	9,000	
	Frais d'expédition et de traversée . . . . Fr.		20,000
	Les deux constructions au port d'arrivée . . . Francs.		80,000

Voici, par contre, le relevé des prix de revient :

MATÉRIAUX et main-d'œuvre	39,000	
TRAVAUX d'épreuve et faux frais	1,000	
FRAIS généraux et travaux artistiques	11,400	
EMBALLAGES, expédition et transports	18,100	
Débours à déduire du prix de vente . . . . Fr.		69,500
Restent, bénéfices nets . . . . Francs.		10,500

soit 15 pour cent du capital engagé.

S'il est vrai que mes bénéfices ont été contre-balancés, dépassés même par mes frais d'études, sans compter le sacrifice de mon temps, il n'est pas moins vrai que la proportion des profits ne saurait qu'augmenter dans le cas d'une organisation définitive. Il y a en outre une foule d'accessoires que la force des choses fera demander à la France avec chaque commande de maisons mobiles. C'est ainsi que j'ai fourni, en dehors des matériaux énumérés, les rideaux d'appartements prêts à servir, les appareils d'éclairage, des glacières artificielles, des meubles de jardin et de basse-cour, enfin plusieurs voitures de maître.

En estimant, dans l'hypothèse d'une entreprise régulière, le mouvement annuel à un million ou une trentaine d'édifices de la sorte, la branche des constructions seule occuperait plusieurs centaines d'ouvriers de quinze à vingt professions, produisant ainsi chaque année la cargaison d'une douzaine de navires aux voyages de long cours.

Par leur volume cubique exceptionnellement fort, des expéditions périodiques de cette nature nous offriraient l'occasion d'alimenter en France, sans subvention gouvernementale, certaines lignes maritimes dont nous sommes obligés d'emprunter jusqu'alors la voie très-coûteuse à des nations rivales quoique amies. Grande, très-grande est l'importance de celles de nos marchandises — ces précieuses *valeurs ouvrières* — qui implorent à chaque saison dans un pays voisin la faveur d'être embarquées avant que la perte de leur primeur et de leur fraîcheur leur enlève le mérite principal; mais bien plus grands seraient les profits moraux et matériels d'un *stock* régulier de maisons mobiles, prêtes à combler, au profit de notre marine marchande, nos déficits cubiques malheureusement très-fréquents.

Maintenant que j'ai initié le public à toutes les phases intérieures de ma tentative, passons à celles de l'extérieur.

VIII

Les hôtels Moron furent embarqués au Hâvre sur les voiliers français *Péri* et *Élisabeth*, de la ligne Dumont et Leclerc, capitaines Lecannelier et Cauvain, qui les débarquèrent à Saint-Thomas après une heureuse traversée d'une trentaine de jours.

Sur l'un de ces voiliers prit passage, en vertu d'un contrat que j'avais fait avec lui, le sieur Eugène Lavoye, charpentier, chargé de la réédification des deux constructions.

Je croirais manquer aux règles de bonne justice si je ne mentionnais ici les bons et loyaux services que rendit à la cause des maisons mobiles cet intelligent travailleur.

Employé à Paris comme simple ouvrier, et après avoir mis la main aux travaux de sa spécialité dans mes deux édifices, il s'acquitta courageusement de la difficile mission qu'il sollicita, confiant en son énergique bonne volonté.

En effet, courir les dangers d'un long voyage, débarquer dans un pays qu'on ne connaît pas et dont on ignore la langue, s'exposer volontairement aux influences, parfois funestes, d'un climat tropical ; déballer, un à un, près d'un millier de colis, classer et coordonner leur contenu complexe ; conduire non-seulement les travaux de charpente, mais encore ceux de fer, de zinc, des plastiques et des assemblages ; dresser, en architecte, des plans pour établir dans les flancs d'une montagne les fondations et deux étages en contre-bas, et n'avoir, en fait d'aides, que des *ouvrières* indigènes; toutes ces difficultés, abordées avec courage et surmontées avec succès, furent autant de petites victoires de l'intelligence française remportées par Lavoye au grand profit de notre réputation industrielle au delà des mers.

Pour couronner son œuvre à sa façon, Lavoye, après avoir achevé la réédification des deux résidences, demanda au propriétaire la permission de planter sur le faîte un petit drapeau aux couleurs de son pays.

Cet acte de délicat patriotisme, généreusement consenti, devint le signal d'une petite fête indo-française, expression naïve et cordiale d'une sympathie réciproque [18].

Voir Note n° 18, page 42.

IX

Il me reste à satisfaire ceux de mes lecteurs qui se demanderont dans quel but j'ai publié ce récit.

J'ai voulu démontrer qu'une nouvelle carrière est ouverte au commerce français, qu'elle est du domaine de l'exportation et renferme tous les éléments de maturité et de succès.

L'industrie dont j'ai pu faire l'onéreux essai, a donné, malgré les nombreux risques qu'elle semblait offrir comme début, des résultats trop avantageux pour que le doute soit désormais permis sur son avenir.

Peut-être me supposera-t-on la pensée de vouloir, par cette conclusion, appeler à moi la participation d'esprits intelligents et les nombreux capitaux prêts à seconder les opérations coloniales.

En ce qui me touche personnellement, je répondrai par la négative, occupé comme je le suis par les soins qu'exige ma maison d'exportation. Mais je ne me défends pas du désir de livrer à l'exploitation d'autrui le vaste champ que je n'ai fait qu'explorer et d'offrir à une opération sérieuse d'habitations exportables le faible tribut de l'expérience acquise.

Je considère ces tentatives comme éminemment nationales. Elles contribuent à entretenir et à justifier dans le monde l'opinion partout préconçue, partout répandue, de la supériorité artistique de l'industrie française. Elles aident notre commerce à sortir d'une infériorité relative et à s'émanciper aux yeux des peuples étrangers. Elles créent enfin des occupations d'autant plus honorables que des essais de la sorte réclament un peu de cette hardiesse persévérante propre aux caractères désintéressés, à ceux-là surtout qui savent affronter, dans l'intérêt parfois difficile du progrès, la trop facile critique, sort habituel des entreprises nouvelles.

X

Arrivé à la fin de mon exposé, j'ai un devoir à remplir comme corollaire de ma conclusion. C'est même plus, c'est une de ces satisfactions qu'on ne saurait refuser à sa conscience, tant l'accomplissement de ce devoir peut avoir d'importance pour les personnes qui en sont l'objet et de résultats pour l'intérêt général.

Ce n'est pas sans intention que je parle d'un commerçant étranger animé de sentiments de profonde sympathie pour nous. Bien que, sous l'empire de cette prédilection généreuse, l'industrieux négociant, le capitaliste philanthrope ait assez prouvé son amour pour la France, je n'ai pourtant pas entendu diriger l'attention sur lui seul; car, encore une fois, il ne s'agit ici ni de coterie ni de réclame.

J'ai voulu signaler à l'appréciation publique, non pas ceux qui achètent ou qui vendent plus ou moins de nos produits, mais certains négociants hors ligne qui mettent, comme M. Moron, à la disposition de notre industrie leur courageuse initiative, leurs relations et leurs capitaux, leurs efforts énergiques et leur puissant concours. J'ai pris comme type l'individualité d'un importateur indien pour mieux montrer cette autre légion étrangère contribuant, elle aussi, à la renommée de notre pays, à la gloire française.

Il y a là plus qu'une louange à accorder à une sentinelle avancée de la phalange commerciale que je signale.

Il y a un encouragement à donner à l'extérieur, une émulation à faire naître à l'étranger; il y a une voie nouvelle à ouvrir aux rapports internationaux en stimulant des efforts venus de si loin; il y a, en un mot, tout un principe nouveau à faire jaillir et à féconder [19].

Voir Note nº 19, page 43.

L'empereur Napoléon, en récompensant de sa main les lauréats de nos exposants à Londres, engagea déjà nos artisans « **à s'affirmer avec plus de confiance et à ne pas chercher ailleurs qu'en eux-mêmes leur point d'appui.** »

Cette auguste recommandation a porté ses fruits.

Tout récemment (***Moniteur*** du 1er décembre 1863), le gouvernement consacra d'une manière officielle une application de cette belle pensée de l'*affirmation privée*, tentée par nos artistes industriels dans le palais des Champs-Élysées.

Mais que dire de l'étranger qui traverse les mers et vient nous offrir, de préférence aux Anglais et aux Américains, le moyen de pratiquer au loin sur une grande échelle la maxime impériale?

Que dire de ce négociant qui, après nous avoir ouvert la voie d'une industrie nouvelle, donne à nos fabricants l'occasion de présenter des produits qui ont su arrêter l'attention du souverain?

Je me borne à poser ces questions. Il ne m'appartient pas d'y répondre.

NOTES EXPLICATIVES

NOTES EXPLICATIVES

Note 1re, page 11

Mes *Lettres à l'Empereur sur la panification du gluten*, découverte due à un artisan de campagne, m'ont valu récemment non-seulement l'honneur d'un vote officiel de remerciements par le Sénat de l'Empire, mais encore diverses missives flatteuses de la part de plusieurs préfets de France et d'Algérie.

En exprimant ici ma gratitude aux autorités françaises, je ne puis m'empêcher de témoigner également ma reconnaissance à l'Administration de l'île de Porto-Rico (Indes occidentales), qui a bien voulu répandre lesdites *Lettres* dans les colonies en les faisant traduire en langue espagnole.

Note 2me, page 12

Saint-Thomas, île déserte il y a à peine deux siècles, a été occupé par les Scandinaves en 1671, sous le règne de Chrétien V, roi du Danemark. Cette colonie se trouve située à 18° 20′ de latitude nord et à 51° 23′ de longitude ouest du méridien de Paris.

Malgré son printemps perpétuel, — car sa température se maintient toujours entre 26° et 28° centigrades, — l'île est exposée durant trois mois de l'année à des ouragans accompagnés de pluies diluviennes. Elle subit en outre de fréquents tremblements de terre, lesquels, heureusement, n'ont pas produit jusqu'ici de catastrophe.

L'étendue de Saint-Thomas est de 30 kilomètres de longueur (7 à 8 lieues) sur 10 kilomètres de large. Ses habitants, dont deux tiers personnes de couleur et un tiers seulement de race blanche, sont au nombre de 15,000, soit 13,000 indigènes et 2,000 étrangers.

Cette île a un port excellent et spacieux, pouvant aisément contenir cent vaisseaux de ligne. Tous les ans plus de trois mille bâtiments de toutes les nations maritimes viennent traiter, s'approvisionner, se réparer ou faire escale dans ce magnifique port franc.

Sa position entre le nord et le sud de l'Amérique, sur la route de l'Océan à la mer Pacifique, fait de Saint-Thomas non-seulement la station postale la plus fréquentée des Antilles, mais encore un véritable entrepôt des deux hémisphères.

Ses transactions annuelles peuvent être évaluées à 100 millions de francs, dont 45 à l'entrée et 55 à la sortie.

Dans les 45 millions d'importation, la part de l'Angleterre est de 14 à 15 millions, celle de la France de 9 à 10; les États-Unis y figurent pour 7, l'Allemagne pour 6, la Belgique pour 5, la Suisse pour 3 millions.

Note 3me, page 12

Mon honorable ami de Saint-Thomas se trompe.

L'intéressant tableau dont il fait mention se trouve bien dans mon *Mémoire sur le Commerce français et l'Industrie parisienne* (1850, chap. VIII, page 61), mais à titre de citation seulement. J'ai emprunté celle-ci à un discours de feu M. Léon Faucher, le savant économiste tant estimé de son vivant, tant regretté après sa mort.

Ce fut cet écrivain profond et consciencieux, ce ministre courageux et modeste à la fois, cet ami du peuple et du progrès, qui parla en 1843 de la toute-puissance de l'industrie parisienne dans une réunion composée de maires et de juges consulaires, d'avocats et de savants, de grands manufacturiers et de petits fabricants, de travailleurs en chambre artisans pour leur compte, de commissionnaires en marchandises et d'exportateurs.

L'ouvrage, qui a été honoré de l'approbation d'un noble archevêque mort martyr de sa foi, ne traitait qu'incidemment d'économie industrielle. Il est antérieur de plus d'une année au *Mémoire*, ayant paru en 1849 sous le titre : *la Politique des Travailleurs*.

Note 4me, page 12

Les fonctions rappelées dans le résumé de mes correspondances, ainsi que les paroles sur le mérite des travailleurs, sont autant d'allusions à mon Rapport de 1854 sur les industries du centre parisien.

Le Gouvernement, sur la demande de mes collègues, a bien voulu autoriser la publication spéciale et officielle de ce document.

Voir le *Rapport* (publié en 1855) *de la 6e Commission statistique de la Seine;* chapitre v, pages 16 et 17 : PROGRÈS MORAL ET CONSÉQUENCES. — Chapitre XVII, pages 48 et 49 : MÉRITES DE L'OUVRIER ET DE L'OUVRIÈRE.

Note 5me, page 13

Le général mexicain don Antonio Lopez de Santa-Anna — qu'il ne faut pas confondre avec le général Santana qui commande à Saint-Domingue depuis le retour de l'île à l'Espagne — est le même qui fut tour à tour ministre de la guerre, trois fois président, et en 1853 dictateur du Mexique.

Turbaco, ancienne résidence du général, est un centre créé par lui d'une population agricole de cinquante à soixante familles. L'endroit est situé au sud de Carthagène, capitale du Bolivar (Nouvelle-Grenade).

A part l'habitation, aujourd'hui abandonnée du dictateur, habitation qui est presque un palais, Turbaco n'est qu'un village rappelant, au milieu des deux Amériques, nos cités ouvrières du Haut-Rhin.

Les soixante cabanes rustiques et leurs cultures de café, maïs, cacao, etc., ont autant d'étendue que nos six cents cités de Mulhouse. Seulement les habitants des cabanes doivent leurs propriétés à la munificence de Santa-Anna, tandis que nos conditions européennes d'existence exigent, de la part de l'ouvrier, trois mille francs en moyenne pour chacune desdites propriétés françaises.

Note 6me, page 13

J'ignore complétement à quelle démarche ou tentative attribuer l'allusion de M. Moron à un canal à travers l'isthme américain. Mais il ne sera pas sans intérêt de rappeler ici ce que chacun a pu lire récemment dans les journaux parisiens les plus autorisés en matière de choses maritimes.

Il s'agirait du percement de l'isthme de Panama, cette grande pensée à laquelle feu l'illustre baron de Humboldt consacra un demi-siècle et qui fut, il y a vingt ans, un objet de méditations et d'études de la part du prince Louis Napoléon.

Ces études du prince, aujourd'hui empereur, se trouvent mentionnées dans le rapport ministériel précédant le décret du 27 février 1864 sur l'exploration scientifique du Mexique. Et dans ses *Aspects de la nature,* Humboldt regretta vivement de voir l'exécution d'un grand problème si longtemps retardée.

Suivant les susdits journaux, le canal interocéanique serait établi sur le territoire du Darien qui appartient à cette même Nouvelle-Grenade où le général Santa-Anna séjourna si longtemps. Le percement se ferait en vertu d'une concession grenadine régularisée à Paris le 10 décembre 1860 en faveur d'un honorable sénateur, vice-président du Conseil municipal de Paris.

Note 7me, page 14

Les 10 millions de marchandises que nous vendons annuellement aux négociants de ce rocher, inculte encore au commencement du siècle dernier, peuvent se répartir comme suit :

Tissus, modes et merceries.	2,700,000	francs.
Vêtements et accessoires.	2,300,000	—
Ouvrages en peau, cuirs et ganterie. . . .	1,500,000	—
Parfumeries et produits chimiques.	1,300,000	—
Vins, liqueurs et comestibles.	1,200,000	—
Articles classiques et esthétiques.	1,000,000	—
En nombres ronds	10,000,000	francs.

J'aurais mauvaise grâce de risquer une opinion sur les parts respectives qui, dans l'ensemble de ces opérations, reviennent à l'intelligence de nos fabricants et à l'activité de nous autres exportateurs. Mais aucun de mes confrères ne me démentira quand je soutiens qu'une bonne part de notre mérite, si mérite il y a, revient à la parfaite et impartiale régularité que nous offre, en tout temps et en toute saison, l'honorable maison de MM. Dumont et Leclerc, du Havre, armateurs de la plupart des navires qui desservent la ligne de Saint-Thomas sous pavillon français.

Note 8me, page 16

En narrateur fidèle, je dois mentionner qu'un journal allemand, la *Gazette de Francfort* du 6 décembre 1861, annonça, comme une nouveauté unique en son genre, la construction par la manufacture suisse d'Interlaken, d'une grande maison de bois destinée à S. A. le prince égyptien Moustafa Pacha.

Cette maison avait deux étages et pesait 80,000 kilogrammes. Elle mesurait 12 mètres 1/4 de long sur 9 1/2 de large, ce qui met le mètre superficiel à 417 francs.

Un pareil édifice, sorti d'un établissement renommé dans la spécialité des parquets mécaniques, peut en effet être regardé comme un petit chef-d'œuvre.

Mais le travail de ce chalet grandiose est postérieur de deux années à l'envoi aux Indes des constructions Moron et a été payé sur chantier 100,000 francs, non compris la serrurerie ni la vitrerie.

Note 9me, page 17

Il est bon que l'on sache que ma définition du similimarbre est tirée de la *Technologie du bâtiment* par M. Chateau, livre IIIe, §§ 487 et 488.

Je compléterai cette définition en ajoutant que le similimarbre se compose en volume, savoir :

Une partie de ciment spécial avec addition de chaux grasse ;
Une partie d'argile pétrie avec de l'huile de lin ;
Une partie de chanvre haché menu ;
Trois parties de poudre de marbre ou d'albâtre.

La densité de ce nouveau produit varie de 1,08 à 2, ce qui équivaut à environ 1.900 kilogrammes par mètre cube. Le similimarbre dès lors est dense comme la brique, supérieur sous ce rapport à la pierre tendre, mais inférieur à la pierre dure et au marbre.

Comme résistance il peut porter jusqu'à 16 kilogrammes par centimètre de section.

Je ne crois pas me tromper en avançant que la jute de mauve sauvage, textile exotique que j'importe en France depuis quelque temps et qui se trouve exempt de droits sur navires français, est préférable aux chanvres de France et de Russie dont se sont servis jusqu'à ce jour les inventeurs du similimarbre.

Note 10me, page 17

En consultant les archives du Ministère de l'Agriculture, du Commerce et des Travaux publics, — division du Commerce, bureau de l'Industrie, section des Brevets, — on trouve enregistré :

1° à la date du 18 août 1859, sous le n° 41572, un brevet principal demandé le 7 juillet de la même année par les sieurs Lippmann, Schneckenburger et Carré, « pour PANNEAUX, CLOISONS et objets divers en similimarbre ; »

2° en date du 10 décembre suivant, un brevet d'addition au n° 41572 demandé le 3 novembre 1859 par les titulaires précités « pour le NOUVEAU GENRE de constructions mobiles, etc. »

Note 11me, page 18

A propos d'influences atmosphériques, je ferai remarquer que le similimarbre ne se silicatise pas encore. Ce progrès reste à faire. La conservation de nos édifices mobiles n'aurait qu'à gagner à ce procédé qui coûte moins cher que le poli.

L'idée première de la silicatisation remonte au riche Flamand Van Helmont, célèbre en Belgique vers 1625 pour sa passion quelque peu désordonnée de la médecine chimique et des sciences occultes. Mais l'application pratique en a été trouvée par feu M. de Fuchs, un des plus savants minéralogistes de Bavière. C'est lui qui a découvert, en 1825, le *wasser-glass* (silicate alcalin ou verre soluble).

Introduite en France vingt ans plus tard par M. Kuhlmann, professeur de chimie à Lille, cette découverte a rencontré un zélé et ardent propagateur en M. Dallemagne, chimiste à Paris.

Notons, en parlant de silicatisation, que la stéréochromie, autre découverte de M. Fuchs, cette peinture *frescoïde* qui a eu pour parrain le généreux M. de Kaulbach, directeur de l'Académie royale de Munich, deviendrait pour nous un magnifique élément décoratif de plus, le jour où l'on parviendrait à silicatiser le similimarbre ou à colorer solidement les calcaires.

Note 12me, page 19

Le *chapapote*, mentionné à l'occasion des charpentes, n'est autre que du bitume indien importé chez nous autrefois par les Anglais et, depuis 1860, introduit par moi de Cuba en droiture.

On trouvera des données plus précises à ce sujet dans la *Notice sur les bitumes et le chapapote* que j'ai publiée en 1862, ainsi que dans l'analyse de M. Chateau, insérée dans les *Annales du génie civil*, recueil mensuel qui se publie à Paris.

Le bois de pin, dont je parle à l'endroit des parquets, est le *pitch-pine* des Américains, le *pino sangrado* des Espagnols.

Depuis le blocus, par les États-Unis, de la province sud-américaine de la Caroline du Nord, on n'obtient pas facilement de beau bois de pin d'Amérique. J'ai fait venir des bois durs du Brésil, les *madeiras amargas* des Portugais, essences que mes correspondants brésiliens échangent volontiers contre des marchandises européennes tant utiles que futiles.

Note 13me, page 19

Voici l'extrait d'une des lettres écrites, durant son séjour à Saint-Thomas, par le conducteur de mes travaux, ancien militaire, à ses camarades du chantier Dubief à Paris :

« Pendant mon service en Afrique, nos razzias, fantasias et autres mouve- « ments m'ont fait connaître de bien drôles de personnages. Mais jusqu'à ce « jour je n'avais pas encore vu des *maçonnes* ayant pour noms : Hanna, Nana, « Mêmé, Tita, ou bien encore : Coco, Toutou, Missy, Maria... Faut voir, mes « amis, tout ce monde-là m'entourer respectueusement à l'appel du matin et « à la paye du soir !... »

Note 14me, page 21

La terrible catastrophe dont la capitale des îles Philippines a été victime l'an dernier, ne justifie malheureusement que trop les tentatives européennes en constructions exportables solides et légères à la fois.

Chacun sait que le tremblement de terre du 3 juin 1863 a détruit, en moins d'une minute, vingt-cinq édifices principaux, sans compter *la Escolta* entière, ce quartier Vivienne de Manille.

Archevêché et églises, palais et hôtels, casernes et prisons, hospices et douanes, ont été ainsi engloutis, tandis que le fléau destructeur a épargné presque toutes les habitations légères. Aucune des demeures indiennes, ni les bâtiments élevés à l'instar de celles-ci, n'ont été atteints.

Note 15me, page 23

Soyons justes même envers ceux que nous avons la prétention de surpasser.

En offrant aux colonies mes spécimen d'édifices exportables armés en quelque sorte de toutes pièces, en les leur présentant surtout sous un aspect que le génie colonial ne saurait atteindre facilement, je suis loin de croire que l'industrie transatlantique ne puisse un jour concourir à nos constructions mobiles.

Au contraire, aussi bien de l'Europe que de l'Amérique, on viendra plus tard nous demander nos projets et nos plans, nos dessins et devis, afin de combiner, avec le similimarbre qu'on nous achètera de préférence, des édifices dans lesquels le bois américain, le fer anglais, le zinc prussien, le verre de Bohême, etc., entreront comme autant d'éléments internationaux d'un travail cosmopolite.

Ce ne serait même pas le côté le moins piquant de ma tentative que de produire, à une époque plus ou moins éloignée, le phénomène de la confection de maisons, tout comme on *établit* de nos jours une trousse française avec du cuir, de Russie ou un bronze d'art pourvu d'horlogerie suisse.

Déjà on nous a demandé de France si l'on ne pourrait, en présence de notre système de moulage, confier la fabrication de certaines pièces — des panneaux par exemple — à des établissements privés, soit professionnels, soit philanthropiques. La réponse n'a pas été absolument négative.

Note 16me, page 24

Expliquons, pour éviter de fausses interprétations, une particularité que présente mon tableau des détails chiffrés à l'article II.

L'épreuve dont il y est question, épreuve toute spéciale à ces constructions, est obligatoire quand il s'agit d'envoyer dans des contrées lointaines un travail démonté jusque dans ses moindres parties. En considérant que la plupart de ces pays sont privés d'ouvriers des différents corps d'états, aussi bien que de chefs dirigeants, on comprendra mieux la nécessité d'un essai d'ensemble.

Le montage complet sur chantier et le fonctionnement pratique avant l'expédition de toutes les parties de chaque édifice constituent cette épreuve qui seule permet la réédification de nos constructions par des individus plus ou moins étrangers à l'industrie du bâtiment.

Note 17me, page 24

Le payement au départ des transports maritimes est une exception commerciale et non une règle.

En tenant compte de cette circonstance, fortuite dans le cas présent, on trouvera que l'acquit du fret à destination réduirait à 61,500 francs notre prix de revient, et à 71,000 le prix de vente de nos deux petits hôtels.

Voici, au surplus, le tableau à peu près exact des profits de tous ceux qui ont concouru à l'œuvre. Il en résulte que, dans une industrie de la sorte, le capital spécial, relativement minime, implique une dépense générale trois à quatre fois supérieure, sans compter la haute paie de nos ouvriers au dehors, toutes les fois que leur présence à l'étranger est exigée.

	ÉLÉMENTS DES DÉPENSES	SPÉCIALES,	GÉNÉRALES.
1.	Loyer de bureau et petits frais .... Fr.	600	
	Personnel de bureau..		3,600
2.	Loyer de cabinet et fournitures...........................	400	
	Dessinateurs, modeleurs, sculpteurs..................................		4,800
3.	Loyer du chantier principal...............................	2,000	
	Matériaux de constructions..................................	8,000	
	Bénéfices bruts des sous-entrepreneurs..............................		8,000
	Main-d'œuvre des ouvriers constructeurs............................		24,000
4.	Bois et accessoires pour emballages.........................	1,000	
	Bénéfices bruts des patrons..		1,100
	Main-d'œuvre des ouvriers emballeurs...............................		4,200
5.	Transport basé sur l'exploitation des voies ferrées............	950	
	Bénéfices en résultant pour le chemin de fer........................		1,450
6.	Manutention du transit.....................................	350	
	Bénéfices bruts des transitaires....................................		850
7.	Coût approximatif de la traversée...........................	5,700	
	Bénéfices des armateurs et assureurs................................		2,500
8.	Profit de l'entrepreneur responsable................................		10,500
	TOTAL SPÉCIAL OBLIGATOIRE..... Fr.	19,000	
	TOTAL GÉNÉRAL FACULTATIF.............. Fr.		61,000

Note 18me, page 27

Je crois devoir constater, sans vouloir en rien diminuer le mérite de mon courageux contre-maître, que Lavoye fut largement récompensé des services qu'il a rendus, aux Indes, à notre renommée industrielle.

Engagé à raison de dix francs par jour, table et logement gratis, depuis son départ de Paris jusqu'à son retour en France (en tout 500 jours), il reçut de M. Moron, lors de la fête du petit drapeau, une gratification de deux cents gourdes, environ mille francs de notre monnaie.

Note 19me, page 29

Il a été dit et écrit à Londres pendant l'Exposition, ensuite répété dans une brochure publiée à Paris, que le Gouvernement français avait récompensé l'exportation des premières maisons mobiles par une prime d'encouragement pécuniaire. On lit même dans le numéro du 28 août 1861 du journal colonial *el Correo de Ultramar*, dont on trouvera un extrait à la page 47, une allusion très-transparente à une semblable récompense.

Ce fait est inexact. Jamais je n'ai sollicité ni obtenu la moindre faveur de la sorte pour qui que ce fût.

Il m'a suffi que la demande de constructions françaises émanât d'un homme comme M. Moron pour tenter l'œuvre à mes risques et périls. Aujourd'hui je m'en félicite et en rends grâces à l'honorable négociant-consul au nom des intérêts français aussi bien qu'au mien.

La publication du présent récit, tout en rendant justice à qui de droit, dissipera, j'espère, l'erreur que je viens de signaler.

Note 20me, page 45

Afin de compléter les renseignements qui précèdent, j'ai cru devoir faire suivre divers extraits de journaux et de correspondances.

Je demande la permission de constater que ces extraits ont été presque tous écrits à mon insu, leurs auteurs m'étant personnellement inconnus. Je dois la communication de la plupart des missives à l'obligeance des inventeurs du similimarbre. La seule pièce qui m'ait été adressée directement est une lettre de Chine écrite par un de mes amis, qui s'y trouve pour des affaires autres que les constructions mobiles.

Le choix de ces documents était pour moi chose d'autant plus délicate que, sous peine de tronquer des textes de journaux importants, il m'a fallu transcrire des appréciations qui me font une part beaucoup trop large et surtout trop exclusive.

Ces réserves faites, j'oserai réclamer du lecteur quelques moments d'attention encore.

EXTRAITS

DE

JOURNAUX & DE CORRESPONDANCES

(VOIR NOTE EXPLICATIVE N° 20, PAGE 43

EXTRAITS

LE COURRIER D'OUTRE-MER

SAINT-THOMAS, 28 AOUT 1861

L'INDUSTRIE FRANÇAISE AUX INDES OCCIDENTALES

(TRADUIT DE L'ESPAGNOL)

Que sont devenus les sept merveilles des Anciens en présence des prodiges de la vapeur qui a réduit à zéro les distances? à côté de la télégraphie électrique qui a réalisé l'ubiquité de la pensée en donnant à la parole des ailes plus rapides que celles du messager dont parle Homère?

Riche de savoir par lui-même, le présent siècle n'a cependant pas gaspillé l'héritage que lui ont légué ses dix-huit frères. Il a su, au contraire, en améliorer et en augmenter la valeur à l'infini.

La science, cet ancien Tantale condamné à voir fuir l'onde convoitée par ses lèvres et les fruits dorés qui trompaient sa faim, a réussi à vaincre et à asservir la matière et à la rendre esclave de son caprice. Les colonnes d'Hercule, qui limitaient le champ de l'investigation humaine, ont disparu comme par enchantement. L'intelligence a pris possession de l'univers et a déchiré de ses mains puissantes le voile de l'impossible.

Au milieu de tant de merveilles créées par le génie humain, qu'il nous soit permis de contempler avec plaisir une nouvelle conquête de l'art. Nous voulons parler du marbre factice employé en France et en Algérie, et qui a figuré à Paris dans le palais de l'Industrie, comme chose digne de la grande exposition.

Grâce à cette matière, les habitations chez nous ont perdu leur monotonie et leur apparence grotesque. Elles se trouvent transformées en modèles de bon goût, de commodité et de beauté, présentant l'aspect de palais enchantés bâtis par quelque génie des légendes orientales. Aujourd'hui l'on peut faire de sa maison, comme d'un livre, une édition de luxe, pouvant voyager dans des caisses de l'un à l'autre pôle, et recevoir en quelques heures les aménagements qui doivent la rendre habitable.

Le marbre factice ou similimarbre est une sorte de Protée qui prend toutes les apparences imaginables. Tantôt il imite les marbres les plus purs de Paros ou du Pentélique; ici il prend l'aspect du bronze tressaillant des palpitations de la vie sous le ciseau du génie grec; là il présente ces teintes indescriptibles qu'on admire à Herculanum et à Pompéi. Quant à la consistance, la matière nouvelle ne le cède en rien à la brique. Le soleil des tropiques et l'intempérie ne peuvent ni l'altérer ni la détruire.

L'importante création des édifices mobiles, comme toutes les branches d'activité qui se cultivent en France, doit, à n'en pas douter, sa grande perfection et son prestige à la constante protection qu'accorde aux arts et à l'industrie le gouvernement du grand Empereur.

Mais il serait injuste de notre part de taire le nom de M. Alfred Bing jeune, de Paris, en parlant d'une innovation qui suggéra à ce négociant industrieux l'idée de s'en servir pour les constructions exportables dont il est l'auteur. La France lui doit ce nouvel et artistique élément de commerce. Par son talent inventif et ses travaux spéciaux, cet intelligent exportateur a bien mérité des arts industriels. Qu'il reçoive nos félicitations cordiales de ses nobles et infatigables efforts, pour faire connaître jusque dans nos parages et apprécier, comme elle le mérite, cette nouvelle merveille de l'industrie parisienne.

Les nombreux artisans français qui concourent à ces édifices doivent s'estimer heureux de la confiance que M. Bing a rencontrée chez M. Henriquez Moron, pour l'importation en cette île des *constructions mobiles*.

Personne n'est plus apte que M. Moron à réaliser ce progrès. Sa prédilection pour tout ce qui porte le sceau du génie français, son admiration et sa profonde sympathie pour cette région privilégiée du globe où l'homme est fier d'être né, la haute position sociale qu'il occupe dans notre île comme homme privé autant que comme négociant, sa qualité de consul de S. M. l'empereur du Brésil, la réputation distinguée enfin dont il jouit à juste titre dans la plupart des pays hispano-américains, toutes ces circonstances contribueront puissamment à populariser dans nos contrées cette branche de l'industrie française, cette nouveauté appelée à faire le tour du monde en offrant de confortables et récréatives demeures à la grande famille humaine.

M. Moron est le premier qui ait eu assez de hardiesse pour essayer chez nous des nouvelles constructions Bing, bâties à Paris et revêtues de similimarbre.

Sur la colline dite Coteau du Gouverneur, se montrent, dans toute leur beauté capricieuse, les deux habitations les plus pittoresques de l'île, amenées là à grands frais par le consul brésilien. Elles semblent surgies au coup de la baguette magique de quelque esprit enchanteur. Elles sont si gracieuses, si idéales et si fantastiques qu'elles ressemblent plutôt à des palais de fées qu'à des maisons élevées par des mains d'hommes.

Puisse leur heureux possesseur en jouir de longues années et accepter les vœux sincères que tous ici nous formons pour sa prospérité !

« *Si en Francia debe su esplendor el arte*
« *Al cetro del tercer Napoleon,*
« *Aqui de ese esplendor debe una parte*
« *Al genio y la constancia de Moron.* »

JOURNAL MERCANTILE DE PORTO-RICO

SAINT-JEAN, 30 NOVEMBRE 1861

NOUVELLE INDUSTRIE DES MARBRES FACTICES LA PIERRE ARTIFICIELLE ET LES CONSTRUCTIONS MOBILES

(TRADUIT DE L'ESPAGNOL)

L'un des caractères distinctifs de l'industrie contemporaine, c'est l'universalité. Ses tendances sont essentiellement généralisatrices et destinées à répondre aux besoins pratiques de la vie dans toutes les régions du globe.

A peine un nouveau procédé scientifique a-t-il germé dans le silence créateur des veilles d'un savant; à peine une découverte, franchissant le seuil du laboratoire, a-t-elle reçu dans l'enceinte d'une Académie la consécration de la publicité, que l'industrie s'en empare, la façonne, l'épure et la modifie dans un sens ou dans l'autre. L'esprit d'initiative met aussitôt la découverte en état de satisfaire l'une des mille nécessités que le raffinement de la civilisation a fait naître dans les sociétés modernes. Bientôt le continent européen ne suffit plus aux applications de la nouvelle idée. Alors le génie industriel franchit les montagnes les plus élevées, parcourt dans son rapide essor et les lointaines régions de l'Amérique ou de l'Afrique et les confins les plus reculés de l'Asie, voire même les rivages inexplorés encore de l'Australie. Il recherche à quel besoin social ou à quel problème de la vie il pourrait apporter une solution, grâce au concours d'un élément dont la science réalise la conquête pour le plus grand bien de l'humanité.

La découverte de l'imitation des pierres de construction et d'ornement a suivi une marche conforme à ces principes.

C'est un des travailleurs les plus infatigables de la matière qui a fait connaître à l'industrie la possibilité d'imiter avec une perfection extérieure toutes sortes de pierres. Cette perspective une fois ouverte à son activité, l'industrie s'est emparée d'une nouveauté aussi ingénieuse et l'a perfectionnée par des essais successifs. Elle a su lui donner la résistance qui lui manquait au commencement, puis l'éclat du poli, enfin la qualité précieuse des formes multiples. En dernier lieu, l'industrie s'est attachée à trouver les applications d'utilité pratique dont la découverte pouvait être susceptible.

Au début on jugea le similimarbre propre à remplacer le marbre véritable dans certaines variétés. On trouva qu'il était facile de l'employer avec succès dans la reproduction des sculptures et dans les usages domestiques. Ces progrès une fois réalisés, le haut commerce fixa à son tour son attention sur la découverte.

Dès que le propagateur distingué du nouveau produit s'en fut emparé, il ne s'arrêta dans ses efforts et dans ses recherches qu'après avoir trouvé la plus vaste des applications qui pouvait être donnée à sa nouveauté.

M. Alfred Bing, de Paris, qui appartient à cette classe d'élite dont les travaux persévérants sont consacrés à l'avancement des grands problèmes industriels et qui sait unir, dans les conditions les plus honorables, l'intérêt personnel aux avantages publics, fut celui qui se dévoua à l'étude de ces applications et qui s'efforça d'en préparer la solution.

Depuis bien longtemps on avait compris en Amérique la nécessité de construire des maisons qui réunissent à la commodité des dispositions locales les beautés architecturales et le bon goût de l'ornementation, des constructions enfin qui rappelassent l'élégance des édifices d'autres pays. Mais le petit nombre d'architectes qui fussent à la hauteur de travaux semblables, la rareté d'artistes sculpteurs, la cherté des pierres de taille ou même leur absence totale, rendaient impossible l'exécution du moindre bâtiment dans les conditions voulues, à moins d'énormes sacrifices pécuniaires.

M. Bing, instruit par ses relations de cet état de choses, mit tout en œuvre pour rendre la nouvelle découverte susceptible de répondre à ces besoins. C'est avec une volonté ferme, et sans se laisser arrêter ni par les difficultés ni par les dépenses, qu'il commença ses essais il y a deux ans. D'autres aussi s'occupèrent du même objet. Mais les personnes qui avaient entrepris cette tâche finirent par y renoncer, à cause des sacrifices réitérés qu'entraîne toujours le perfectionnement et la vulgarisation d'une nouveauté aussi importante.

Seul, M. Bing persévéra dans la voie qu'il s'était tracée. Il s'attacha surtout à doter les contrées éloignées d'édifices commodes et élégants, somptueux même et relativement bon marché. Donnant à ses travaux cette direction, il attaqua de front la grande difficulté du transport et la facilité du montage sur le lieu de leur destination. Il ne perdit de vue ni l'économie dans l'expédition, ni la bonne qualité des matériaux, ni aucune des conditions nécessaires à l'harmonie de l'œuvre.

Ce n'est pas sans de grandes contrariétés, sans de sérieux obstacles et des contre-temps pénibles, ces aiguillons des esprits résolus et des caractères fortement trempés, que le sieur Bing atteignit le but de ses travaux après une série d'épreuves dont une constance inébranlable a pu seule venir à bout. Aidé dans sa merveilleuse entreprise par un honorable capitaliste de la colonie danoise, M. J.-H. Moron, qui n'hésita pas à risquer des sommes considérables pour l'importation des constructions françaises, M. Bing put voir enfin le succès couronner ses efforts. Qu'il nous suffise de dire que dans l'année 1860 il fit embarquer au Havre-de-Grâce, à destination de Saint-Thomas, la première *maison mobile* qui devait inaugurer sur le sol américain cet ingénieux système de constructions. En 1861 fut définitivement terminée l'élévation du splendide édifice qui est aujourd'hui la propriété et la demeure du chevalier Moron.

Dire qu'on ne rencontra pas des déceptions, que ce premier essai pratique ne fut pas entravé par mille obstacles imprévus, serait manquer à la vérité et ôter le plus grand mérite aux intéressés qui ont eu à déployer une si rare constance pour triompher de toutes ces difficultés. Ce n'est qu'à force de luttes contre des résistances de toute nature que l'on est arrivé, sinon à la perfection définitive de ces sortes d'édifices, du moins très-près de ce but.

Aujourd'hui l'on peut recevoir de Paris un album de plans relatifs à ces maisons et introduire dans leurs détails ou dans l'ensemble telles modifications que chacun juge convenables. On est sûr d'avoir dans l'espace d'une année sa maison construite et terminée de la cave au grenier, sans avoir à s'en inquiéter jusqu'au moment d'en prendre livraison. Dans des pays où il faut malheureusement s'occuper soi-même des détails les plus minutieux, sous peine d'être mal servi, un pareil avantage est inappréciable.

Au goût, à l'élégance et à la grâce des nouvelles habitations se joint également le comfort véritable dont on trouve un témoignage éclatant dans la délicieuse demeure de M. Moron à Saint-Thomas. Tout essai qu'elle soit, celle-ci n'en est pas moins magnifique, un séjour princier, comparée aux antiques édifices de ces pays-ci. Aussi comprendra-t-on sans peine l'importance que présente pour l'Amérique cette nouvelle branche de l'industrie française et le brillant avenir qui lui est réservé.

Si l'on se place à un autre point de vue, si l'on considère le nombre de bras employés à la construction de chaque maison, la variété infinie de professions qui concourent à l'exécution, la quantité de tonneaux que la marine marchande est appelée à transporter, et tant d'autres avantages qui sont la conséquence nécessaire de cette innovation, l'on pourra mieux apprécier l'influence qu'une idée féconde peut exercer sur les principaux intérêts de tout un pays. On trouvera que nous n'aventurions rien en disant, au commencement de cet article, que les tendances de l'industrie moderne, en contribuant à l'extension des relations avec les points les plus reculés du globe, produisent entre les hommes de races différentes ce rapprochement salutaire qui doit amener la solidarité universelle de la grande famille humaine.

M. Alfred Bing a donc bien mérité des pays qui sont appelés à recueillir le fruit de ses labeurs. Il a droit à la reconnaissance des milliers de personnes qui vont recevoir un nouvel élément de travail et le pain de chaque jour, grâce à l'industrie qu'il a créée.

Quant à nous, nous ne doutons pas que, les *maisons mobiles* une fois connues en Amérique, l'usage de cette découverte ne se répande rapidement dans nos contrées. Nous ne doutons pas qu'il devienne le point de départ d'une régénération architecturale, si désirable dans une partie du monde où cette branche des arts industriels n'existe pour ainsi dire pas encore.

LETTRE

D'UN NÉGOCIANT FRANÇAIS

EN CHINE

Hong-Kong, 14 janvier 1862.

CHER MONSIEUR,

. . . . L'île Maurice est dépourvue de bois de construction. Ces matériaux se tirent à grands frais de Singapore, ce qui constitue une branche considérable d'échanges entre les deux îles.

Je me suis renseigné dans l'intérêt de vos constructions exportables. Il faudrait, le cas échéant, qu'elles fussent d'un genre moins luxueux que celui des édifices du consul brésilien que j'ai tant admirés à Paris. Mais vous heurteriez contre un grand obstacle. L'île est anglaise, partant peu favorable aux produits qui n'émanent pas de la métropole britannique.

Cette considération me fit consacrer une attention plus grande à Saigon, lors de mon passage dans cette nouvelle colonie française. Non que je vous engage à y risquer vos marchandises, selon la coutume commerciale. En aucune façon et par bien des raisons. Mais si mes rapports sur le mode — lisez : la difficulté — de s'y loger sont exacts, et si vous exposiez à qui de droit (ce qu'on ne saurait d'ailleurs ignorer en haut lieu) le taux actuel de cent dollars (*) comme prix de location mensuelle d'une chétive cabane, le Ministre de la marine écouterait à coup sûr vos propositions de maisons ou pavillons mobiles avec cette bienveillante attention qui caractérise l'administration coloniale de France.

(*) Environ cinq cents francs.

Il est vrai que la navigation dans les eaux de Gia-Dinh (*), disons-le en passant, présente plus d'une difficulté. Elle est loin d'être commode aux approches de la terre ferme, si l'on peut donner ce nom à des fonds vaseux et marécageux. Mais cette pénurie même de pierres et de sables naturels me semble un élément capital de succès pour l'introduction en cette colonie de vos constructions mobiles.

Prochainement je me rendrai aux Philippines muni de vos bonnes recommandations. Si le temps vous permet de faire lithographier des dessins de vos diverses constructions, n'oubliez pas, je vous prie, de m'en envoyer des exemplaires à Manille, cette ville de la guerre et du silence, comme l'appelait Dumont d'Urville.

J'ai l'honneur d'être, cher Monsieur, etc.

(*) Nom de celle des trois provinces franco-cochinchinoises dont Saigon est le chef-lieu.

LETTRE

DU CONSUL DE FRANCE

A PUERTO-RICO

San-Juan (*), 3 juin 1862.

Messieurs,

J'ai vu la maison qui a été expédiée, à Saint-Thomas, à M. Moron, et je viens vous demander de m'adresser une note du prix de vos produits.

Je désire également que vous me fassiez savoir si, parmi les bustes en similimarbre, vous avez ceux de LL. MM. l'Empereur et l'Impératrice. Je crois qu'il vous serait facile d'en écouler ici un certain nombre ; car leur poids étant moindre que ceux en plâtre, le transport en serait meilleur marché. Le similimarbre peut d'ailleurs se laver facilement, tout étant moins sujet à se rompre.

Veuillez m'envoyer ces documents par l'entremise du vice-consul de France à Saint-Thomas, qui le premier m'a parlé de vos produits. Cherchez également à me faire parvenir avec les échantillons du similimarbre quelques-uns de similipierre.

Recevez, etc.

(*) Saint-Jean, capitale de l'île de Porto-Rico, l'une des possessions espagnoles dans les grandes Antilles.

LETTRE

DE L'INGÉNIEUR DES PONTS ET CHAUSSÉES

A BUENOS-AYRES

Buenos-Ayres (*), ce 14 août 1862.

MESSIEURS,

J'ai reçu vos dessins de constructions en similipierre et en similimarbre. Aujourd'hui que tout ici paraît annoncer une grande prospérité, j'ai cru le moment venu pour tenir mes promesses en essayant de nouer avec vous des relations mutuellement avantageuses. Voici quelles devraient en être les bases :

(Suivent les propositions détaillées.)

Sur ces bases je puis vous garantir un important débouché, et je n'hésiterais même pas à former un ample approvisionnement de vos produits. Comme échantillon, je viens vous commander une construction du type C, dont vous pouvez me faire l'expédition par la voie du Havre. A cet effet, je prends mes dispositions pour que vous en touchiez le montant en France lors de la terminaison.

Veuillez m'envoyer immédiatement un plan détaillé de toute la charpente, afin d'être prêt pour le montage au moment même de la réception.

(*) Buenos-Ayres, capitale de la République Argentine dans l'Amérique du Sud, une des places commerciales les plus considérables du Nouveau Monde ; cent vingt mille habitants.

D'après vos notes, ma commande, en ce qui concerne le similimarbre, se monterait, savoir :

Pour	10 travées	intérieures	pesant	2,830	kilogrammes.	1,035 fr.
—	10 travées	extérieures	—	5,500	—	1,675
—	4 travées	de fenêtres	—	1,060	—	310
—	4 doublures	de fenêtres	—	300	—	75
—	2 travées	de portes	—	250	—	85
—	2 doublures	de portes	—	60	—	20
			Ensemble	10,000	kilog. à 32 cent.	3,200 fr.

non compris les portes et les fenêtres à fournir à part.

Inutile de vous recommander que la livraison se fasse de manière à ce que le tout soit monté ici avant la fin de la belle saison. En expédiant fin octobre ou au commencement de novembre, je recevrai l'envoi fin décembre ou dans les premiers jours de janvier, c'est-à-dire au plus fort de notre été. J'obtiendrai du Gouvernement l'autorisation de monter l'édifice-modèle sur une de nos plus belles promenades, pour que l'impression générale puisse se produire et le public juger de la nouveauté.

Cette commande n'a d'autre but que de vous prouver mon désir d'entamer de fructueuses relations avec vous. Outre les plans de la charpente, envoyez-moi des instructions pour le montage et de la similipierre en poudre pour les jointoiements. Enfin complétez tout cela par des dessins de différentes constructions, faits à l'échelle, ainsi que de ceux de vos nouveautés en statues, ornements, etc.

Je serais heureux que vous pussiez examiner la possibilité d'appliquer le similimarbre à de grandes constructions. Cela étant, veuillez m'envoyer les plans suivants bien détaillés :

1° D'un établissement complet de bains à l'instar de celui de Saint-Sauveur à Paris, mais avec des baignoires légères en similimarbre, plus gracieuses que celles en usage à Paris.

Nous pouvons disposer d'un emplacement de 15 à 20 mètres de profondeur sur 40 mètres de longueur.

En face des bains doit se trouver un lavoir public de mêmes style et dimension que le bâtiment vis-à-vis. On placera les bureaux au milieu de chaque côté et en saillie formant rotondes. Celles-ci contiendront, à l'étage supérieur, les réservoirs des eaux. Ces rotondes seront surmontées de toitures de chalets.

2° D'une station de chemin de fer, conforme au modèle de second ordre de la ligne française de l'Est.

Les toitures également du style des chalets suisses avec grands auvents. Les marquises au rez-de-chaussée auront toujours un grand succès dans les pays chauds.

3° D'une fontaine publique élégante, du genre de celle de la place Saint-Georges à Paris.

J'appellerai aussi votre attention sur les monuments funéraires. Il y a là beaucoup à faire, et cela me paraît bien convenir à votre industrie. Veuillez donc y penser; car ici chaque famille a son monument spécial, et c'est une question de vanité à laquelle on sacrifie beaucoup.

La nouvelle matière peut-elle s'appliquer à la construction de réservoirs un peu importants?

Envisagez toutes ces questions au plus haut point de vue et avec la conviction que, plus que tout autre pays, celui-ci pourra offrir un grand et profitable débouché, n'ayant ni bois ni pierres de construction.

Agréez, etc.

LETTRE

DU GOUVERNEUR PROVINCIAL

DE BARCELONE

A M. J. HENRIQUEZ MORON, A SAINT-THOMAS

(TRADUCTION)

Barcelone (*), le 5 novembre 1862.

HONORÉ MONSIEUR,

L'on parle beaucoup ici du palais que vous habitez. C'est même le sujet des conversations du jour. Tout le monde pense que le grand établissement que nous projetons depuis si longtemps, exécuté à l'instar de votre propriété, deviendrait un très-bel ornement pour notre capitale.

Or, l'année dernière, lors de mon voyage à Saint-Thomas et de ma visite dans vos palais de similimarbre, vous m'avez manifesté le vif désir de voir donner un certain développement à cette nouveauté de l'industrie française. Vous souhaitiez notamment l'introduction dans d'autres pays de constructions semblables, et vous me citiez, à cet effet, la province dont j'ai aujourd'hui l'honneur d'être le gouverneur.

(*) Barcelone, chef-lieu d'une province de ce nom dans la florissante république de Vénézuela, une des plus importantes de l'Amérique Méridionale.

Comme le luxe et le bon goût de vos habitations sont justement appréciés ici, je me suis rappelé vos intentions à l'occasion des renseignements qui m'ont été demandés, il y a quelque temps, par le Conseil.

Il s'agit de l'ancien projet de construire un monument public offrant la réunion dans un même édifice des administrations suivantes : Gouvernement provincial, Conseil communal, Direction des finances et Préfecture.

En vous adressant la présente, j'ai pour objet de vous exposer les détails dudit projet.

(Suivent les diverses observations sur le monument à construire.)

Dans l'attente de votre réponse, je vous présente, etc.

LETTRE

DU CONSUL DE FRANCE

A PANAMA (Nouvelle-Grenade)

Panama, le 21 février 1863.

Messieurs,

Avant mon départ de Paris, je vous avais demandé quelques échantillons de votre similimarbre. J'ai été forcé de partir avant de les avoir reçus. Je le regrette d'autant plus que les résultats donnés par la maison que vous avez construite pour M. Moron à Saint-Thomas m'ont paru très-satisfaisants.

Peu de jours avant mon arrivée au port de Colon (*), un terrible incendie a détruit cinquante-quatre maisons et mis en cendres des dépôts considérables de marchandises. Cette ville, d'une grande importance commerciale, puisqu'elle sert de point de débarquement au transit du Pacifique, est toute construite en bois d'après le système américain. On commence à comprendre les inconvénients d'un pareil mode pour magasins et entrepôts, et j'espère qu'on adoptera votre invention.

Il faudrait m'envoyer promptement des prospectus en anglais, langue qui se parle le plus à Colon et à Panama, et, si faire se peut, des échantillons. Je crois qu'il y a ici un avenir de commandes considérables. Si vous étiez à même de m'envoyer en même temps un plan avec devis d'une maison composée d'un rez-de-chaussée avec vastes magasins, cela serait fort utile.

Recevez, etc.

(*) Colon, [illegible], ville située sur l'Atlantique à l'entrée de l'isthme de Panama, et première station du chemin de fer qui relie l'océan Atlantique à la mer Pacifique.

TABLE DES CITATIONS

2190. — PARIS. — IMPRIMERIE DE POUPART-DAVYL ET COMP., RUE DU BAC, 30

www.ingramcontent.com/pod-product-compliance
Ingram Content Group UK Ltd.
Pitfield, Milton Keynes, MK11 3LW, UK
UKHW020414230726
13925UKWH00004B/1412

9 782013 684590